走向平衡系列丛书

缘起性空

传统建筑聚落及其节点辑读

李宁 著

中国建筑工业出版社

图书在版编目（CIP）数据

缘起性空：传统建筑聚落及其节点辑读 / 李宁著.
北京 ：中国建筑工业出版社，2024.8. -- （走向平衡
系列丛书）. -- ISBN 978-7-112-30133-1

Ⅰ.TU-092.2

中国国家版本馆CIP数据核字第2024C1R183号

与传统文学、书画、音乐等文化载体一样，传统建筑聚落同样是中华优秀传统文化的重要载体。传统建筑聚落或依山而建，扼山麓、山坞、山隘之咽喉；或傍水而筑，握河曲、渡口、汊流之要冲。每一处基地都有独特的地形、地貌、气候、土质、植被及水文等状况，传统建筑聚落的生成与演变诠释了营造者独到地结合所处基地环境、运用环境空间概念去构筑人居环境的过程，记录着特定水土中的人类生活印迹。对于经历了岁月沧桑而成为环境景观一部分的传统聚落来说，自有它作为环境的部件而延续下来的缘由。辑读传统建筑聚落及其节点，发掘其变与不变中具有恒久生命力的因素，分析其中蕴含的情与理、技与艺、法与象并使之融入人们的现代生活，正是探索适宜现代人居环境发展模式的有效途径。本书力求通过直观的图像让读者在品析中有所体悟，以期对建筑学及相关专业的课程教学和当下相关建筑设计有所借鉴与帮助。本书适用于建筑学及相关专业研究生、本科生的教学参考，也可作为住房和城乡建设领域的设计、施工、管理及相关人员参考使用。

责任编辑：唐旭
文字编辑：孙硕
责任校对：张颖

走向平衡系列丛书

缘起性空 传统建筑聚落及其节点辑读

李 宁 著

*

中国建筑工业出版社出版、发行（北京海淀三里河路9号）
各地新华书店、建筑书店经销
北京雅昌艺术印刷有限公司印刷

*

开本：850毫米×1168毫米 1/16 印张：10 字数：296千字
2024年8月第一版 2024年8月第一次印刷
定价：138.00元

ISBN 978-7-112-30133-1
（43528）

万法皆轻，惟以人重

自 序

图 0-1 法无定法[1]

聚散皆有缘，缘起性本空（图 0-1）。

1 本书所有插图均为作者自摄、自绘；本书由浙江大学平衡建筑研究中心资助出版。

如今各行各业已充分认识到继承和弘扬中华优秀传统文化的重要时代价值和时代意义，在具体的实际工作中，还需进一步认识到继承和弘扬中华优秀传统文化并非只限于文史哲等社会科学领域，对建筑、土木等工科领域来说，同样是非常重要的课题。同时，还需认识到中华优秀传统文化的载体并非只限于传统的文学、哲学、历史、书画、音乐、戏曲等内容，传统建筑聚落同样是非常重要的文化载体。

中华优秀传统文化是深深扎根于中国人民心中的中华民族独特的精神标识，潜移默化地影响着人们的思维方式和行为方式。建筑、土木等学科同样应该以中华五千多年文明为源头活水，从璀璨的中华优秀文化中创造性地汲取人文精神、道德价值、历史智慧等精华养分，成为推动中华优秀传统文化创造性转化和创新性发展的重要阵地。

隐约在山水之间的传统建筑聚落，无论产生自何时、无论保存状况怎样，都是历史的、文化的、经济的社会见证，蕴涵着特定的时代气息，记录着特定水土中的人类生活印迹。中华民族自古就是重视践行的民族，“知行合一”的思想始终贯穿于我们民族的血脉之中，体现在生活实践之中，也镌刻在传统建筑聚落的营造与演变之中。

传统建筑聚落或依山而建，扼山麓、山坞、山隘之咽喉；或傍水而筑，握河曲、渡口、汊流之要冲。每一处基地都有独特的地形、地貌、气候、土质、植被及水文等状况，只有当各种要素相互协调、彼此补益时，整个聚落才会充满生机活力。由此我们才能体会聚落营造与演变中所蕴含的人民群众日用而不觉的共同价值观念，顺应“知行合一”在当下建筑具体专业情境中认知与实践的功效。

传统建筑聚落的生成及贯穿其生命周期的动态演变，诠释了营造者独到地结合所处基地环境、运用环境空间概念去构筑人居环境的过程。他们仰而观山，俯而听泉，引水筑路，选择美好的基地建造家园，设法取得与自然的和谐。所有这些努力，各种地形地势的凭借与各种建筑材料的搭建及不断地修正，正是该聚落之“缘起”；人们世代生活在其中，任凭时空变幻中“空”间的界面世易时移，“有之以为利，无之以为用”的本性却是一直贯穿着。

人们对聚落与自然环境融为一体都习以为常了，但自然界其实蕴藏着瞬间毁灭人类的力量，人类若无自己的创意和营造根本无法与自然共生，只有经周密的策划形成周密的体系，对给聚落造成威胁的因素能加以有效地防御，聚落才能生存延续。

当人们被传统建筑聚落景观所感动时，这种感觉绝不是单纯地因为其年代的久远。对于经历了岁月沧桑而成为环境景观一部分的聚落来说，自有它作为环境的部件而延续下来的缘由。辑读传统建筑聚落及其节点，发掘其变与不变中具有恒久生命力的因素，分析其中蕴含的情与理、技与艺、法与象并使之融入人们的现代生活，正是探索适宜现代人居环境发展模式的有效途径。

靡革匪因，靡故匪新，传统不应被当作逝去的过往，而是新行为得以支撑的既有情境。时间是一个非常合适的考验者，梳洗了浮华与喧嚣，留下经得起推敲的时空线索。本书通过直观的图像来展示建筑作为一种帮助记忆的文化载体，对不同的地方文化脉络及其传承有着支持和暗示作用。

思考传统建筑聚落中恒久的活力特质，可以启发人们去探索适合当下的建筑形式与城市更新的方式，去分析保护与发展相互冲突与融合的过程中如何把握动态的平衡。本书选取的传统建筑聚落及其节点所涵盖的地域跨度从新疆、西藏到东海之滨，从黑龙江到海南岛，且均为三十多年间笔者亲历现场拍摄而得，力求让读者在品析中有所体悟，进而对当下建筑设计与教学有所借鉴与帮助。

聚落岁月长，花开花落，云卷云舒；空间乾坤大，知行无疆，惟学无际。

甲辰年夏日于浙江大学西溪校区

目　录

第　一　章

乡邑村舍

1.1 花开南岭（图 1-1）

图 1-1 江南雨，点点滴滴，湿了春泥（2024 年 3 月 29 日摄于浙江宁海：桑洲南岭村）

1.2 雅砻河谷（图 1-2）

图 1-2 西藏历史上第一块农田雅砻河谷萨热索当的延续地（1995 年 8 月 14 日摄于西藏乃东：门中岗村）

1.3 诸葛卦阵（图 1-3）

图 1-3 无须着意求佳境，自有其逢应早春（2004 年 5 月 1 日摄于浙江兰溪：诸葛八卦村）

1.4 莆田闽厝（图 1-4）

图 1-4 离离欲送风光落，点点曾添露草鲜（2005 年 2 月 12 日摄于福建莆田：林山村）

1.5 丝路花雨（图 1-5）

图 1-5 借问梅花何处落，风吹一夜满关山（2006 年 7 月 19 日摄于甘肃敦煌：新墩村）

1.6 德钦梅里（图 1-6）

图 1-6 春风化雨不相识，何事闲来敲柴扉（2004 年 4 月 20 日摄于云南德钦·西当村）

1.7 岷江金坝（图 1-7）

图 1-7 何当共剪西窗烛，却话巴山夜雨时（2006 年 12 月 16 日摄于四川松潘：金河坝村）

1.8 徽州西递（图 1-8、图 1-9）

图 1-8 一生痴绝处，无梦到徽州（2001 年 8 月 6 日摄于安徽黟县：西递村）

图1-9 欲除烦恼须无我，历尽艰难好做人（2001年8月6日摄于安徽黟县：西递村）

第 二 章

楼台桥亭

2.1 科甲挺秀（图 2-1）

图 2-1 放眼天地阔，会心古今同（2023 年 5 月 20 日摄于贵州贵阳：甲秀楼）

乌江水电

2.2 千古忧乐（图 2-2）

图 2-2 先天下之忧而忧，后天下之乐而乐（2013 年 8 月 27 日摄于湖南岳阳：岳阳楼）

2.3 烽火墩台（图 2-3）

图 2-3 抖银枪，出雄关，跨战马，踏狼烟（2003 年 8 月 20 日摄于新疆若羌：烽火台）

2.4 婺源清华（图2-4）

图2-4 一弯彩虹接诗意，两岸书声通蟾宫（2006年10月2日摄于江西婺源：清华镇彩虹廊桥）

2.5 玉龙丽江（图 2-5）

图 2-5 雪山四万八千丈，玉龙一角插潭底（2004 年 4 月 24 日摄于云南丽江：黑龙潭五拱桥）

2.6 曲院风荷（图 2-6）

图 2-6 玉带曲院皆入画，晴虹风荷总宜人（2005 年 3 月 12 日摄于浙江杭州：曲院风荷玉带晴虹桥）

2.7 排云听风（图 2-7）

图 2-7 云漫峡谷万般趣，雪拥亭台别样情（2010 年 2 月 12 日摄于安徽黄山：排云亭）

2.8 世事如棋（图 2-8、图 2-9）

图 2-8 上接青天不可探，下临深渊难见底（1990 年 7 月 25 日摄于陕西华山：下棋亭）

图 2-9 唐虞揖让三杯酒，汤武征诛一局棋（2008 年 4 月 2 日摄于陕西华山：下棋亭）

第　三　章

窟刻碑碣

3.1 伊阙龙门（图 3-1、图 3-2）

图 3-1 九朝不改青山色，百洞斧凿佛像尊（2007 年 6 月 1 日摄于河南洛阳：龙门石窟）

图3-2 伊阙巍峨叠林岫，梵音袅袅盈碧波（2007年6月1日摄于河南洛阳：龙门石窟）

图 3-3 千龛峭壁寒，万佛层云暖（2009 年 7 月 6 日摄于甘肃天水：麦积山石窟）

3.2 天水麦积（图 3-3、图 3-4）

图 3-4 天水泠泠润尘世，麦积山川度有缘（2009 年 7 月 6 日摄于甘肃天水：麦积山石窟）

3.3 贺兰峡谷（图 3-5）

图 3-5 岁月无语，岩画有言（2023 年 8 月 5 日摄于宁夏贺兰：贺兰山岩画）

3.4 大足说法（图 3-6、图 3-7）

图 3-6 是名山是灵山五岳归来观宝顶，非梦境非幻境三心扫去见菩提（2013 年 5 月 26 日摄于重庆大足：大足石刻）

图 3-7 林岫重重叠翠海，山崖层层现诸天（2013 年 5 月 26 日摄于重庆大足：大足石刻）

图 3-8 破山中贼易，破心中贼难（2024 年 2 月 13 日摄于江西崇义：平茶寮碑）

3.5 此心光明（图 3-8、图 3-9）

图 3-9 圣人之道，吾性自足，此心光明，亦复何言（2019 年 9 月 15 日摄于贵州修文：龙场悟道之阳明小洞天）

3.6 泰岳经石（图 3-10）

图 3-10 道布三千界，身修五百尊（2023 年 12 月 9 日摄于山东泰山：经石峪）

3.7 诸相非相（图 3-11）

图 3-11 凡所有相，皆是虚妄，见诸相非相，则见如来（2013 年 2 月 15 日摄于黑龙江哈尔滨：冰雪大世界冰雪大佛）

3.8 灵鹫飞来（图 3-12、图 3-13）

图 3-12 灵鹫向云中隐去，奇峰自天外飞来（2024 年 6 月 16 日摄于浙江杭州：灵隐寺飞来峰石窟）

图 3-13 人生哪能多如意，万事只求半称心（2024 年 6 月 16 日摄于浙江杭州：灵隐寺飞来峰石窟）

第 四 章

渔樵耕读

4.1 海南渔家（图 4-1）

图 4-1 碧海连天天作岸，渔歌伴舟舟为家（2019 年 11 月 23 日摄于海南陵水：南湾渔村）

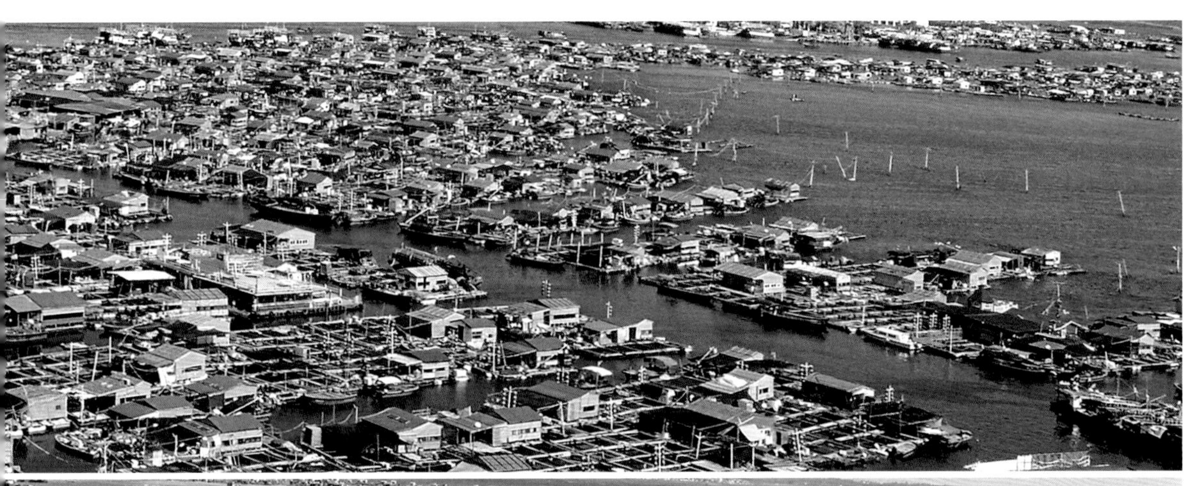

4.2 清雪吹寒（图 4-2）

图 4-2 穿林海跨雪原气冲霄汉，抒豪情寄壮志面对群山（2013 年 2 月 19 日摄于黑龙江海林：双峰林场）

4.3 红河哈尼（图 4-3）

图 4-3 山抹晨雾山川秀，云依田垄云水亲（2019 年 10 月 13 日摄于云南元阳：红河哈尼梯田）

4.4 桃源牧歌（图 4-4）

图 4-4 未了参禅传法语，由来觉梦唤沉眠（2009 年 5 月 4 日摄于安徽石台：牯牛降农家）

4.5 天一生水（图 4-5）

图 4-5 天一遗形源长垂远，南雷深意藏久尤难（2022 年 9 月 22 日摄于浙江宁波：南国书城天一阁）

4.6 武夷隐屏（图 4-6）

图 4-6 等闲识得东风面，万紫千红总是春（2010 年 2 月 19 日摄于福建武夷山：隐屏峰武夷精舍）

4.7 剑拔南天（图 4-7）

图 4-7 拔剑南天起，长风绕战旗（2019 年 9 月 21 日摄于云南昆明：云南陆军讲武堂）

4.8 孤山西泠（图 4-8、图 4-9）

图 4-8 湖比潇湘楼若烟雨把酒高吟集雅客，峰有南北月无古今登山远览属骚人（2009 年 4 月 6 日摄于浙江杭州：西泠印社）

图 4-9 旧雨新雨西泠桥畔各题襟溯两汉渊源籍征鸿雪，文泉印泉四照阁边同剔藓挹孤山苍翠合仰前贤（2013 年 1 月 5 日摄于浙江杭州：西泠印社）

第 五 章

寺观庵堂

5.1 天下径山（图 5-1）

图 5-1 飞楼涌殿压山破，朝钟暮鼓惊龙眠（2018 年 9 月 2 日摄于浙江余杭：径山寺）

5.2 香格里拉（图 5-2）

图 5-2 一切显密非一次修成，无垢之法须惠及众生（2004 年 4 月 21 日摄于云南香格里拉：松赞林寺）

5.3 格鲁甘丹（图 5-3）

图 5-3 转山转水转佛塔，读天读地读人生（1995 年 8 月 12 日摄于西藏达孜：甘丹寺）

5.4 鼓山涌泉（图 5-4）

图 5-4 江月不随流水去，天风直送海涛来（2022 年 8 月 27 日摄于福建福州：鼓山涌泉寺）

平安饼

5.5 北岳绝壁（图 5-5）

图 5-5 残月淡烟窥色相，疏风幽籁动禅空（2004 年 8 月 13 日摄于山西浑源：恒山悬空寺）

5.6 关西崆峒（图 5-6）

图 5-6 塞下传笳歌敕勒，楼头倚剑接崆峒（2010 年 3 月 26 日摄于甘肃平凉：崆峒山殿宇群）

5.7 蒹葭秋雪（图 5-7）

图 5-7 庵前老荻飞秋雪，林外奇峰耸夏云（2023 年 12 月 2 日摄于浙江杭州：西溪秋雪庵）

5.8 坐花载月（图5-8、图5-9）

图5-8 三过平山堂下，半生弹指声中（2009年4月5日摄于江苏扬州：平山堂）

图5-9 手种堂前垂柳，别来几度春风（2009年4月5日摄于江苏扬州：平山堂）

第 六 章

院苑寨堡

6.1 晋中大院（图6-1）

图 6-1 居家莫享清福淡饭粗茶有真味，处事须知艰难临深履薄是常情（2004 年 8 月 9 日摄于山西灵石：王家大院）

6.2 避暑山庄（图 6-2）

图 6-2 云容自在舒还卷，山色何妨有若无（2010 年 9 月 18 日摄于河北承德：避暑山庄）

6.3 北海塔影（图6-3）

图6-3 静与心谋宁有色，香生鼻观亦无空（2011年3月1日摄于北京：北海琼华岛）

6.4 西风残照（图 6-4）

图 6-4 恤小民之依所其无逸，稽古人之德彰厥有常（1990 年 6 月 28 日摄于北京：圆明园西洋楼遗址）

6.5 布达拉宫（图 6-5）

图 6-5 碉楼玉砌苍烟落照，经幢香火秋雁清霜（1995 年 8 月 10 日摄于西藏拉萨：从大昭寺看布达拉宫）

6.6 长江玉印（图 6-6）

图 6-6 彤廷召对三杯酒，白梃森严万帐兵（2010 年 8 月 19 日摄于重庆忠县：石宝寨）

6.7 永定初溪（图 6-7）

图 6-7 活水有源归宿至，好山当户送青来（2005 年 2 月 14 日摄于福建永定：初溪土楼群）

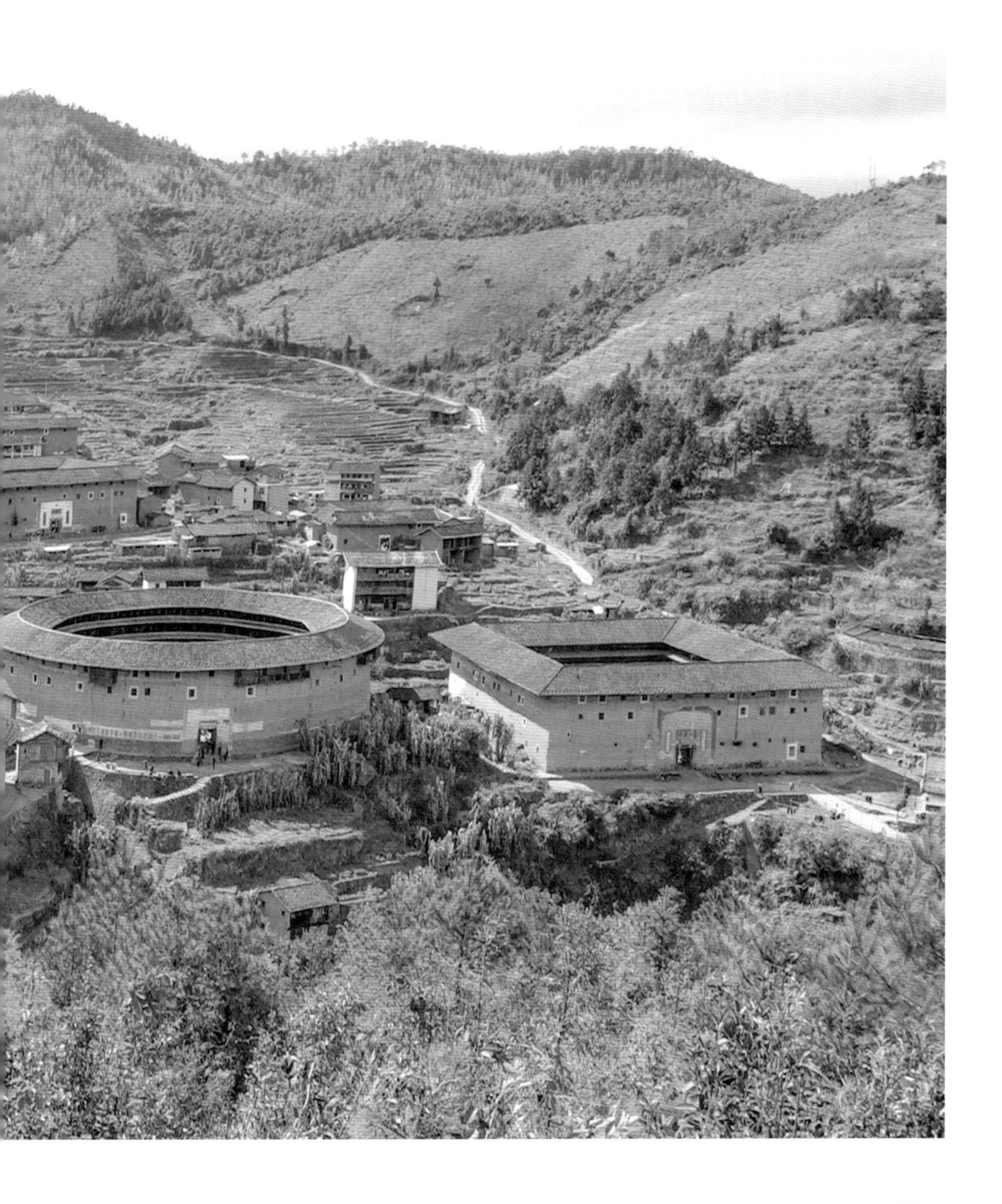

6.8 开平碉楼（图 6-8、图 6-9）

图 6-8 只赢得湖海生涯空山岁月，无负此阳春烟景大块文章（2023 年 6 月 13 日摄于广东开平：自力村碉楼群）

图 6-9 常伴青山锁秀色，一弯潭江活天机（2023 年 6 月 13 日摄于广东开平：赤坎碉楼）

第 七 章

关隘锁钥

7.1 月牙鸣沙（图 7-1）

图 7-1 几许风沙几声驼铃皆入律，千里瀚海千年弦月已成歌（2009 年 7 月 11 日摄于甘肃敦煌：鸣沙山月牙泉）

7.2 塞垣万里（图 7-2）

图 7-2 起春秋历秦汉及辽金至元明上下数千年，跨峻岭穿荒原横瀚海经绝壁纵横几万里（2019 年 12 月 16 日摄于北京：八达岭长城）

7.3 江孜宗山（图 7-3）

图 7-3 悲欢离合万里远，古往今来一阙歌（2006 年 9 月 2 日摄于西藏江孜：宗山城堡）

7.4 瀚海孤烟（图 7-4）

图 7-4 人不寐，将军白发征夫泪（2006 年 8 月 22 日摄于新疆若羌：伊循古城）

7.5 海不扬波（图 7-5）

图 7-5 城郭当前烟火万家忧共乐，海山在望乾坤一气古今浮（2009 年 7 月 26 日摄于山东蓬莱：蓬莱阁）

7.6 札达古格（图 7-6、图 7-7）

图 7-6 宫阙万间都做了土（2006 年 8 月 29 日摄于西藏札达：古格遗址）

图 7-7 听雨僧庐下，点滴到天明（2006 年 8 月 29 日摄于西藏札达：古格遗址）

7.7 大渡桥横（图 7-8）

图 7-8 金沙水拍云崖暖，大渡桥横铁索寒（2010 年 3 月 19 日摄于四川泸定：大渡河铁索桥）

7.8 边关霜寒（图 7-9、图 7-10）

图 7-9 梦在千峰外，龙游万壑间（2009 年 7 月 13 日摄于甘肃嘉峪关：嘉峪关与玉泉湖）

图 7-10 日映边墙连大漠，云封烽燧锁雄关（1990 年 7 月 9 日摄于甘肃嘉峪关：嘉峪关城楼）

第　八　章

集市通衢

8.1 茶马古道（图 8-1）

图 8-1 山间铃响马帮来，一路茶香飘千里（2004 年 4 月 23 日摄于云南丽江：玉湖古村）

8.2 仲曲萨迦（图8-2）

图 8-2 仲曲河畔参差人家，几番风雨几度繁华（1995 年 8 月 20 日摄于西藏萨迦：萨迦古村）

8.3 黄河碛口（图 8-3）

图8-3 物阜民丰小都会，河声岳色大文章（2009 年 7 月 18 日摄于山西临县：碛口古镇）

8.4 濠江往事（图 8-4）

图 8-4 明珠海上传星气，白玉河边看月光（2010 年 7 月 29 日摄于澳门：大三巴牌坊）

8.5 花溪青岩（图 8-5）

图 8-5 水从白鹭飞边转，云在青山隐处生（2023 年 5 月 21 日摄于贵州贵阳：青岩古镇）

8.6 赣州瑞金（图 8-6）

图 8-6 装点此关山，今朝更好看（2024 年 2 月 11 日摄于江西瑞金：沙洲坝）

8.7 流水天涯（图 8-7）

图 8-7 花带春色到人家，香随流水游天涯（2004 年 10 月 24 日摄于浙江桐乡：乌镇河埠头）

8.8 何年图画（图 8-8、图 8-9）

图 8-8 山山水水处处明明秀秀，晴晴雨雨时时好好奇奇（2022 年 12 月 18 日摄于浙江杭州：钱塘自古繁华）

图 8-9 八百里湖山知是何年图画，十万家烟火尽归此处楼台（2016 年 1 月 24 日摄于浙江杭州：钱塘自古繁华）

结 语

阶下落翠皆诗绪，窗前映白有禅机（图中文字：万法皆轻，惟以人重）

人与人之间有聚散，世间万物的呈现都是一种聚散关联。建筑材料彼此组合而建构一间简单寻常的村舍，或者一座金碧辉煌的殿宇，进而单体组合为群体，都是一种聚散关联。这种聚散关联，就是一种关系情境的建构，说得有禅意一些，就是“缘起”。

事物不应只被视作由固有质构成的孤立实体，而应被作为多种条件综合作用下而显现的动态结果来认知。正因为事物是由一系列或显或隐的因素整合而成的，其生成与发展始终被关联在一组不可分离的动态关系结构中，这就需要观察主体去进行动态观察与认知。就传统建筑聚落而言，必然还需不断进行实地踏勘。

实地踏勘的重要之处，就在于能够亲身真切地体验那些形式多样的聚落环境与氛围，只有到实地去才有可能得到气味以及温度、湿度、气流和手感等伴随着直观感觉的体验。在实地需要的是观察者的敏感和细心，通过“实”来识别“虚”，甚至要在尽可能长的历时性调查中通过分析建筑界面动态“缘起”的相对性来体悟其中“空”的永恒性。

在传统建筑聚落的演变中，几度繁华，几番风雨。聚落实体界面的更替是在不断进行的，但就在容纳了世代延绵不息的人们活动于其中的聚落“空”间中，千百年来，有人哭过，有人笑过。

参考文献

[1] 李宁. 时空印迹　建筑师的镜里乾坤[M]. 北京：中国建筑工业出版社，2023.
[2] 李宁. 理一分殊　走向平衡的建筑历程[M]. 北京：中国建筑工业出版社，2023.
[3] 李宁. 文心之灵　建筑画中的法与象[M]. 北京：中国建筑工业出版社，2023.
[4] 王国维. 人间词话[M]. 海口：海南出版社，2016.
[5] 庄惟敏. 建筑策划导论[M]. 北京：中国水利水电出版社，2001.
[6] 李兴钢. 胜景几何论稿[M]. 杭州：浙江摄影出版社，2000.
[7] 董丹申，李宁. 知行合一　平衡建筑的实践[M]. 北京：中国建筑工业出版社，2021.
[8] 李宁. 建筑聚落介入基地环境的适宜性研究[M]. 南京：东南大学出版社，2009.
[9] 格朗特•希尔德布兰德. 建筑愉悦的起源[M]. 马琴,万志斌,译. 北京：中国建筑工业出版社，2007.
[10] 阿摩斯•拉普卜特. 建成环境的意义　非言语表达方法[M]. 黄兰谷,等,译. 北京：中国建筑工业出版社，2003.
[11] 凯文•林奇,加里•海克. 总体设计[M]. 黄富厢,等,译. 北京：中国建筑工业出版社，1999.
[12] 约翰•杜威. 评价理论[M]. 冯平,余泽娜,等,译. 上海：上海译文出版社，2007.
[13] 汉斯-格奥尔格•加达默尔. 哲学解释学[M]. 夏镇平,宋建平,译. 上海：上海译文出版社，1994.
[14] 雷茜之. 从《坛经》看禅宗思想的“体用”[J]. 中国佛学，2020(2)：191-206.
[15] 宋洪兵. 圣域与凡境之间[J]. 读书，2023(1)：11-18.
[16] 李宁. 平衡建筑[J]. 华中建筑，2018(1)：16.
[17] 杨国荣. 自然•道•浑沌之境——《庄子•应帝王》札记[J]. 中国哲学史，2020(1)：42-48.
[18] 张郁乎. “境界”概念的历史与纷争[J]. 哲学动态，2016(12)：91-98.
[19] 李宁，李林. 传统聚落构成与特征分析[J]. 建筑学报，2008(11)：52-55.
[20] 闻新. 宇宙大爆炸与奇点理论[J]. 太空探索，2018(5)：11-13.
[21] 胡新和. “实在”概念辨析与关系实在论[J]. 哲学研究，1995(8)：19-26.
[22] 董丹申，李宁. 走向平衡，走向共生[J]. 世界建筑，2023(8)：4-5.
[23] 赵建军，杨博. “绿水青山就是金山银山”的哲学意蕴与时代价值[J]. 自然辩证法研究，2015(12)：104-109.
[24] 王金南，苏洁琼，万军. “绿水青山就是金山银山”的理论内涵及其实现机制创新[J]. 环境保护，2017(11)：12-17.
[25] 黄金枝. “天人合一”的数学语境诠释[J]. 自然辩证法研究，2021(1)：77-83.
[26] 李宁，丁向东. 穿越时空的建筑对话[J]. 建筑学报，2003(6)：36-39.

致谢

一

本书得以顺利出版，首先感谢浙江大学平衡建筑研究中心的资助。同时，感谢浙江大学平衡建筑研究中心、浙江大学建筑设计研究院有限公司对建筑设计及其理论深化、人才培养、梯队建构等诸多方面的重视与落实。

二

感谢董丹申、殷农、陈朝霞、朱宇枫、欧阳斌、胡兵、储晓冰、张宏建、徐初友、李欣、柴晓敏、王玉平、方华、郭宁、章嘉琛等好友的同游，正是在旅途中其乐融融，才能气定神闲地品味这些聚落中的点点滴滴。本书中呈现的图片时间跨度达三十多年，从新疆、西藏到东海之滨，从黑龙江到海南岛，整理这些图片其实就是走进了如梦的往昔，这也勾勒出人生的重要轨迹。

感谢赵黎晨、王超璐、刘达、胡彦之、江蓉、张菲、张润泽、金轶群等小伙伴在本书整理过程中的协助，很多时候，一句轻轻的问候，一个不经意的帮衬，远比千言万语更暖心。

三

感谢平衡建筑课题组成员对本书完成给予的支持与帮助。

四

感谢中国建筑出版传媒有限公司（中国建筑工业出版社）对本书出版的大力支持。

五

有“平衡建筑”这一学术纽带，必将使我们团队不断地彰显出设计与学术的职业价值。